特色农产品质量安全管控"一品一策"丛书

U0624513

兰溪枇杷全产业链质量安全风险管控手册

孙彩霞　主编

中国农业出版社

北　京

特色农产品质量安全管控"一品一策"丛书

总主编：杨 华

《兰溪枇杷全产业链质量安全风险管控手册》

编 写 人 员

主　　编　孙彩霞

副 主 编　张　启　毕　婷

技术指导　杨　华　王　强　褚田芬

技术顾问　陈俊伟　徐红霞

参　　编　（按姓氏笔画排序）

　　　　　于国光　王　嵘　任霞霞　刘玉红

　　　　　陈　健　范　珺　周庆权　郑蔚然

　　　　　胡佳卉　雷　玲　缪晓丹

插　　图　亢　亢

前　言

枇杷是我国南方特有的珍稀水果，因形似琵琶而得名。我国枇杷栽培历史悠久，早在汉代就有枇杷栽培。唐代柳宗元曾说："寒初荣橘柚，夏首荐枇杷。"宋代诗人戴复古在《初夏游张园》一诗中有名句："东园载酒西园醉，摘尽枇杷一树金。"明代沈周也有诗云："谁铸黄金三百丸，弹胎微湿露泧泧。"可见枇杷在我国农耕文化中的重要地位。

枇杷是深受人们欢迎的水果，既有食用价值又有药用价值。据《本草纲目》记载，枇杷为和胃降气、清热解暑的佳品良药。枇杷因其神奇功效被评为"果之冠""果中之皇"，历史上常被用作贡品。枇杷果肉细腻甜美，富含维生素和钙、铁、镁等多种营养元素，营养价值较高。枇杷叶、花均可入药，具有清热润肺、降气化痰的功效。随着我国现代农业发展和"富山计划""山区林业综合开发"等项目的实施，枇杷成为近年来发展态势最好的经济树种之一。

浙江省兰溪市地处金衢盆地，属亚热带季风气候，气候温和、日照充足、雨量适中、无霜期长，年平均气温17.7℃，适宜种植枇杷。兰溪现枇杷种植面积约2万亩，产量超6 000吨，主栽品种有白砂、大红袍等。兰溪枇杷以"色艳形美、肉质细嫩、甘甜酸爽"而闻名。兰溪是浙江省特色农产品（枇杷）优势发展区、全国优质白枇杷的重要产地。2017年12月，农业部正式批准对"兰溪枇杷"实施农产品地理标志登记保护。2020年，兰溪枇杷被列入首批"浙江省农业标准化生产示范创建（一县一品一策）"项目。浙江省农业科学院农产品质量安全与营养研究所、兰溪市农业农村局等单位在"一县一品一策"项目支持下，开展了兰溪枇杷标准化生产、质量安全管控技术和品质标准的研究与制定。现将兰溪枇杷全产业链质量安全风险管控技术综合形成手册，期望为枇杷产业健康发展和质量安全管理提供指导借鉴。

感谢浙江省农业农村厅、浙江省财政厅对"一县一品一策"项目的大力支持。本手册在编写过程中得到了相关专家的悉心指导，有关同行提供了相关资料，谨在此致以衷心感谢。由于作者水平有限，加之编写时间仓促，书中难免存在疏漏，敬请广大读者批评指正。

编 者

2023年5月

目　　录

前言

一、概　述

枇杷[*Eriobotrya japonica*（Thunb.）Lindl.]是我国亚热带地区的特色水果，国外商业栽培面积很少，产量也不高。世界枇杷主产国为西班牙、阿尔及利亚、日本、中国和巴西。随着我国"富山计划""山区林业综合开发"等项目的实施，枇杷成为近年来发展态势最好的经济树种之一。枇杷浑身是宝——枇杷果肉甜美，富含维生素和钙、铁、镁等多种营养元素；枇杷花、叶可入药，具有清热润肺、降气化痰的功效；枇杷花蜜是蜂蜜中极为珍贵的品种，其口味细腻甘甜。

兰溪属亚热带季风气候，日照充足、雨量适中、无霜期长，年平均气温17.7℃，适宜种植枇杷。兰溪现枇杷种植面积约2万亩[①]，产量超6 000吨，主栽品种有白砂、大红袍等。兰溪枇杷以"色艳形美、肉质细嫩、甘甜酸爽"而闻名。兰溪是浙江省特色农产品（枇杷）优势发展区、全国优质白枇杷的重要产地。2011

[①]　亩为非法定计量单位，1亩＝1/15公顷。全书同。——编者注

年兰溪市以农业"两区"为平台，开始实施"2612100"现代农业发展规划，2012年进一步提出了以枇杷等为重点的6个万亩农业基地建设规划，开展枇杷特色强镇建设。通过规划引领、项目带动等一系列举措，推进兰溪枇杷的转型升级。2017年12月，农业部正式批准对"兰溪枇杷"实施农产品地理标志登记保护。2020年，兰溪市农业农村局、财政局发布了《关于印发兰溪枇杷标准化生产示范创建（一县一品一策）2020年工作方案的通知》。

兰溪市地处金衢盆地，其土壤疏松、土层深厚、通透性良好。得天独厚的生态条件，造就了兰溪枇杷的独特风味。兰溪枇杷因其肉质细腻、鲜嫩多汁、酸甜爽口，深受消费者喜爱。但随着产业发展，兰溪枇杷在规模化生产基地建设、病虫害综合防治、绿色产品发展、品质提升等方面面临着诸多问题，需要进一步规范。

兰溪枇杷

二、枇杷的质量安全要求和品质要求

1.我国现有枇杷标准汇总

枇杷种植以我国南方为主，除了浙江省外，四川、福建、广东、广西等省份均有种植。除了国家和行业标准外，各地根据实际生产需求制定了相关的生产技术标准。我国现行有效的国家、行业和浙江省地方标准见表1。

表1　枇杷相关国家、行业和浙江省地方标准目录

标准编号	标准名称
GB/T 13867—1992	鲜枇杷果
GB/T 19908—2005	地理标志产品　塘栖枇杷
GB/T 40827—2021	枇杷采后处理技术规程
GB/T 34256—2017	农产品购销基本信息描述　热带和亚热带水果类

（续）

标准编号	标准名称
GH/T 1272—2019	枇杷冷链流通技术规程
NY/T 1304—2007	农作物种质资源鉴定技术规程　枇杷
GH/T 1356—2021	枇杷蜜植物源成分的检测　实时荧光PCR法
NY/T 750—2020	绿色食品　热带、亚热带水果
NY/T 1939—2010	热带水果包装、标识通则
NY/T 1940—2010	热带水果分类和编码
NY/T 1995—2011	仁果类水果良好农业规范
NY/T 2021—2011	农作物优异种质资源评价规范　枇杷
NY/T 2304—2013	农产品等级规格　枇杷
NY/T 2667.9—2018	热带作物品种审定规范　第9部分：枇杷
NY/T 2668.9—2018	热带作物品种试验技术规程　第9部分：枇杷
NY/T 2929—2016	枇杷种质资源描述规范
NY/T 3102—2017	枇杷贮藏技术规范
NY/T 3433—2019	植物品种特异性、一致性和稳定性测试指南　枇杷属
NY/T 3847—2021	枇杷生产技术规程
QX/T 281—2015	枇杷冻害等级
QB/T 2391—2017	枇杷罐头

（续）

标准编号	标准名称
SB/T 11100—2014	仁果类果品流通规范
DB33/T 468.1—2004 (2015)	无公害枇杷 第1部分：苗木培育
DB33/T 468.2—2004 (2015)	无公害枇杷 第2部分：苗木
DB33/T 468.3—2021	枇杷绿色生产技术规程
DB33/T 2026—2017	绿化枇杷苗生产技术规程

2.枇杷质量安全要求

枇杷的质量安全主要考虑农药残留和重金属。我国《食品安全国家标准 食品中农药最大残留限量》(GB 2763—2021)主要规定了160多种农药在枇杷中的残留限量标准，具体见表2。

表2　枇杷中农药最大残留限量指标

农药中文名称	农药英文名称	功能	最大残留限量（毫克/千克）	每日允许摄入量（毫克/千克）
苯丁锡	fenbutatin oxide	杀螨剂	5	0.03

（续）

农药中文名称	农药英文名称	功能	最大残留限量（毫克/千克）	每日允许摄入量（毫克/千克）
苯醚甲环唑	difenoconazole	杀菌剂	0.5	0.01
吡唑醚菌酯	pyraclostrobin	杀菌剂	3	0.03
丙环唑	propiconazole	杀菌剂	0.1	0.07
丙森锌	propineb	杀菌剂	5	0.007
除虫脲	diflubenzuron	杀虫剂	5	0.02
代森铵	amobam	杀菌剂	5	0.03
代森联	metiram	杀菌剂	5	0.03
代森锰锌	mancozeb	杀菌剂	5	0.03
毒死蜱	chlorpyrifos	杀虫剂	1	0.01
多菌灵	carbendazim	杀菌剂	3	0.03
福美双	thiram	杀菌剂	5	0.01
福美锌	ziram	杀菌剂	5	0.003
甲氨基阿维菌素苯甲酸盐	emamectin benzoate	杀虫剂	0.05	0.000 5
甲氰菊酯	fenpropathrin	杀虫剂	5	0.03
腈菌唑	myclobutanil	杀菌剂	0.5	0.03

（续）

农药中文名称	农药英文名称	功能	最大残留限量（毫克/千克）	每日允许摄入量（毫克/千克）
克菌丹	captan	杀菌剂	15	0.1
氯苯嘧啶醇	fenarimol	杀菌剂	0.3	0.01
氯吡脲	forchlorfenuron	植物生长调节剂	0.05	0.07
氯氟氰菊酯和高效氯氟氰菊酯	cyhalothrin and lambda-cyhalothrin	杀虫剂	0.2	0.02
醚菌酯	kresoxim-methyl	杀菌剂	0.2	0.4
嘧菌环胺	cyprodinil	杀菌剂	2	0.03
嘧菌酯	azoxystrobin	杀菌剂	2	0.2
噻虫嗪	thiamethoxam	杀虫剂	0.3	0.08
双甲脒	amitraz	杀螨剂	0.5	0.01
四螨嗪	clofentezine	杀螨剂	0.5	0.02
肟菌酯	trifloxystrobin	杀菌剂	0.7	0.04
戊唑醇	tebuconazole	杀菌剂	0.2	0.03
辛硫磷	phoxim	杀虫剂	0.05	0.004
溴螨酯	bromopropylate	杀螨剂	2	0.03

（续）

农药中文名称	农药英文名称	功能	最大残留限量 （毫克/千克）	每日允许摄入量 （毫克/千克）
异菌脲	iprodione	杀菌剂	5	0.06
抑霉唑	imazalil	杀菌剂	5	0.03
唑螨酯	fenpyroximate	杀螨剂	0.3	0.01
2,4-滴和2,4-滴钠盐	2,4-D and 2,4-D Na	除草剂	0.01	0.01
胺苯磺隆	ethametsulfuron	除草剂	0.01	0.2
巴毒磷	crotoxyphos	杀虫剂	0.02*	暂无
百草枯	paraquat	除草剂	0.01*	0.005
倍硫磷	fenthion	杀虫剂	0.05	0.007
苯并烯氟菌唑	benzovindiflupyr	杀菌剂	0.2*	0.05
苯菌酮	metrafenone	杀菌剂	1*	0.3
苯嘧磺草胺	saflufenacil	除草剂	0.01*	0.05
苯线磷	fenamiphos	杀虫剂	0.02	0.000 8
吡氟禾草灵和 精吡氟禾草灵	fluazifop and fluazifop-P-butyl	除草剂	0.01	0.004
吡噻菌胺	penthiopyrad	杀菌剂	0.4*	0.1
丙炔氟草胺	flumioxazin	除草剂	0.02	0.02

（续）

农药中文名称	农药英文名称	功能	最大残留限量 （毫克/千克）	每日允许摄入量 （毫克/千克）
丙酯杀螨醇	chloropropylate	杀虫剂	0.02*	暂无
草铵膦	glufosinate-ammonium	除草剂	0.1	0.01
草甘膦	glyphosate	除草剂	0.1	1
草枯醚	chlornitrofen	除草剂	0.01*	暂无
草芽畏	2,3,6-TBA	除草剂	0.01*	暂无
虫酰肼	tebufenozide	杀虫剂	1	0.02
敌百虫	trichlorfon	杀虫剂	0.2	0.002
敌草快	diquat	除草剂	0.02	0.006
敌敌畏	dichlorvos	杀虫剂	0.2	0.004
地虫硫磷	fonofos	杀虫剂	0.01	0.002
丁氟螨酯	cyflumetofen	杀螨剂	0.4	0.1
丁硫克百威	carbosulfan	杀虫剂	0.01	0.01
啶虫脒	acetamiprid	杀虫剂	2	0.07
毒虫畏	chlorfenvinphos	杀虫剂	0.01	0.000 5
毒菌酚	hexachlorophene	杀菌剂	0.01*	0.000 3

（续）

农药中文名称	农药英文名称	功能	最大残留限量（毫克/千克）	每日允许摄入量（毫克/千克）
对硫磷	parathion	杀虫剂	0.01	0.004
多果定	dodine	杀菌剂	5*	0.1
二嗪磷	diazinon	杀虫剂	0.3	0.005
二氰蒽醌	dithianon	杀菌剂	1*	0.01
二溴磷	naled	杀虫剂	0.01*	0.002
粉唑醇	flutriafol	杀菌剂	0.3	0.01
伏杀硫磷	phosalone	杀虫剂	2	0.02
氟苯虫酰胺	flubendiamide	杀虫剂	0.8*	0.02
氟苯脲	teflubenzuron	杀虫剂	1	0.005
氟吡呋喃酮	flupyradifurone	杀虫剂	0.9*	0.08
氟吡甲禾灵和高效氟吡甲禾灵	haloxyfop-methyl and haloxyfop-P-methyl	除草剂	0.02*	0.000 7
氟吡菌酰胺	fluopyram	杀菌剂	0.5*	0.01
氟虫腈	fipronil	杀虫剂	0.02	0.000 2
氟除草醚	fluoronitrofen	除草剂	0.01*	暂无

（续）

农药中文名称	农药英文名称	功能	最大残留限量（毫克/千克）	每日允许摄入量（毫克/千克）
氟啶虫胺腈	sulfoxaflor	杀虫剂	0.3*	0.05
氟啶虫酰胺	flonicamid	杀虫剂	0.8	0.07
氟硅唑	flusilazole	杀菌剂	0.3	0.007
氟酰脲	novaluron	杀虫剂	3	0.01
氟唑菌酰胺	fluxapyroxad	杀菌剂	0.9*	0.02
咯菌腈	fludioxonil	杀菌剂	5	0.4
格螨酯	2,4-dichlorophenyl benzenesulfonate	杀螨剂	0.01*	暂无
庚烯磷	heptenophos	杀虫剂	0.01*	0.003（临时）
环螨酯	cycloprate	杀螨剂	0.01*	暂无
甲胺磷	methamidophos	杀虫剂	0.05	0.004
甲拌磷	phorate	杀虫剂	0.01	0.000 7
甲苯氟磺胺	tolylfluanid	杀菌剂	5	0.08
甲磺隆	metsulfuron-methyl	除草剂	0.01	0.25
甲基对硫磷	parathion-methyl	杀虫剂	0.01	0.003
甲基硫环磷	phosfolan-methyl	杀虫剂	0.03*	暂无

（续）

农药中文名称	农药英文名称	功能	最大残留限量（毫克/千克）	每日允许摄入量（毫克/千克）
甲基异柳磷	isofenphos-methyl	杀虫剂	0.01*	0.003
甲霜灵和精甲霜灵	metalaxyl and metalaxyl-M	杀菌剂	1	0.08
甲氧虫酰肼	methoxyfenozide	杀虫剂	2	0.1
甲氧滴滴涕	methoxychlor	杀虫剂	0.01	0.005
腈苯唑	fenbuconazole	杀菌剂	0.1	0.03
久效磷	monocrotophos	杀虫剂	0.03	0.000 6
抗蚜威	pirimicarb	杀虫剂	1	0.02
克百威	carbofuran	杀虫剂	0.02	0.001
乐果	dimethoate	杀虫剂	0.01	0.002
乐杀螨	binapacryl	杀螨剂、杀菌剂	0.05*	暂无
联苯肼酯	bifenazate	杀螨剂	0.7	0.01
联苯三唑醇	bitertanol	杀菌剂	2	0.01
磷胺	phosphamidon	杀虫剂	0.05	0.000 5
硫丹	endosulfan	杀虫剂	0.05	0.006

（续）

农药中文名称	农药英文名称	功能	最大残留限量（毫克/千克）	每日允许摄入量（毫克/千克）
硫环磷	phosfolan	杀虫剂	0.03	0.005
硫线磷	cadusafos	杀虫剂	0.02	0.000 5
螺虫乙酯	spirotetramat	杀虫剂	0.7*	0.05
螺螨酯	spirodiclofen	杀螨剂	0.8	0.01
氯苯甲醚	chloroneb	杀菌剂	0.01	0.013
氯虫苯甲酰胺	chlorantraniliprole	杀虫剂	0.4*	2
氯磺隆	chlorsulfuron	除草剂	0.01	0.2
氯菊酯	permethrin	杀虫剂	2	0.05
氯氰菊酯和高效氯氰菊酯	cypermethrin and beta-cypermethrin	杀虫剂	0.7	0.02
氯酞酸	chlorthal	除草剂	0.01*	0.01
氯酞酸甲酯	chlorthal-dimethyl	除草剂	0.01	0.01
氯唑磷	isazofos	杀虫剂	0.01	0.000 05
茅草枯	dalapon	除草剂	0.01*	0.03
嘧霉胺	pyrimethanil	杀菌剂	7	0.2
灭草环	tridiphane	除草剂	0.05*	0.003（临时）

（续）

农药中文名称	农药英文名称	功能	最大残留限量 （毫克/千克）	每日允许摄入量 （毫克/千克）
灭多威	methomyl	杀虫剂	0.2	0.02
灭螨醌	acequincyl	杀螨剂	0.01	0.023
灭线磷	ethoprophos	杀线虫剂	0.02	0.000 4
内吸磷	demeton	杀虫/ 杀螨剂	0.02	0.000 04
氰戊菊酯和 S-氰戊菊酯	fenvalerate and esfenvalerate	杀虫剂	0.2	0.02
噻草酮	cycloxydim	除草剂	0.09*	0.07
噻虫胺	clothianidin	杀虫剂	0.4	0.1
噻虫啉	thiacloprid	杀虫剂	0.7	0.01
噻菌灵	thiabendazole	杀菌剂	3	0.1
噻螨酮	hexythiazox	杀螨剂	0.4	0.03
三氟硝草醚	fluorodifen	除草剂	0.01*	暂无
三氯杀螨醇	dicofol	杀螨剂	0.01	0.002
杀草强	amitrole	除草剂	0.05	0.002
杀虫脒	chlordimeform	杀虫剂	0.01	0.001

（续）

农药中文名称	农药英文名称	功能	最大残留限量（毫克/千克）	每日允许摄入量（毫克/千克）
杀虫畏	tetrachlorvinphos	杀虫剂	0.01	0.002 8
杀螟硫磷	fenitrothion	杀虫剂	0.5	0.006
杀扑磷	methidathion	杀虫剂	0.05	0.001
水胺硫磷	isocarbophos	杀虫剂	0.01	0.003
速灭磷	mevinphos	杀虫剂、杀螨剂	0.01	0.000 8
特丁硫磷	terbufos	杀虫剂	0.01*	0.000 6
特乐酚	dinoterb	除草剂	0.01*	暂无
涕灭威	aldicarb	杀虫剂	0.02	0.003
戊菌唑	penconazole	杀菌剂	0.2	0.03
戊硝酚	dinosam	杀虫剂、除草剂	0.01*	暂无
烯虫炔酯	kinoprene	杀虫剂	0.01*	暂无
烯虫乙酯	hydroprene	杀虫剂	0.01*	0.1
消螨酚	dinex	杀螨剂、杀虫剂	0.01*	0.002
溴甲烷	methyl bromide	熏蒸剂	0.02*	1

（续）

农药中文名称	农药英文名称	功能	最大残留限量（毫克/千克）	每日允许摄入量（毫克/千克）
溴氰虫酰胺	cyantraniliprole	杀虫剂	0.8*	0.03
亚胺硫磷	phosmet	杀虫剂	3	0.01
氧乐果	omethoate	杀虫剂	0.02	0.000 3
乙基多杀菌素	spinetoram	杀虫剂	0.05*	0.05
乙螨唑	etoxazole	杀螨剂	0.07	0.05
乙酰甲胺磷	acephate	杀虫剂	0.02	0.03
乙酯杀螨醇	chlorobenzilate	杀螨剂	0.01	0.02
抑草蓬	erbon	除草剂	0.05*	暂无
茚草酮	indanofan	除草剂	0.01*	0.003 5
蝇毒磷	coumaphos	杀虫剂	0.05	0.000 3
治螟磷	sulfotep	杀虫剂	0.01	0.001
艾氏剂	aldrin	杀虫剂	0.05	0.000 1
滴滴涕	DDT	杀虫剂	0.05	0.01
狄氏剂	dieldrin	杀虫剂	0.02	0.000 1
毒杀芬	camphechlor	杀虫剂	0.05*	0.000 25
六六六	HCH	杀虫剂	0.05	0.005

（续）

农药中文名称	农药英文名称	功能	最大残留限量（毫克/千克）	每日允许摄入量（毫克/千克）
氯丹	chlordane	杀虫剂	0.02	0.000 5
灭蚁灵	mirex	杀虫剂	0.01	0.000 2
七氯	heptachlor	杀虫剂	0.01	0.000 1
异狄氏剂	endrin	杀虫剂	0.05	0.000 2
保棉磷	azinphos-methyl	杀虫剂	1	0.03

注：每日摄入量指根据体重每千克给药xxx毫克。

＊该限量为临时限量。

此外《食品安全国家标准 食品中污染物限量》(GB 2762—2017)规定了重金属及污染物在水果中的限量，适用于枇杷。农作物吸收重金属主要通过其根系吸收和叶片呼吸作用，其中根系吸收为主要途径。通过食物链途径，重金属进入人体，与人体内的有机成分相结合形成金属螯合物或金属络合物，使人体发生病变，因此严格控制农产品中的重金属含量是保障人体健康的关键。污染物限量应符合《食品安全国家标准 食品中污染物限量》（GB 2762—2022）规定中枇杷中铅和镉的限量，具体见表3。

表3　GB 2762—2022 新鲜水果中污染物限量指标

项目	限量	检验方法
铅（以Pb计），毫克/千克	0.1	GB 5009.12—2017
镉（以Cd计），毫克/千克	0.05	GB 5009.15—2014

3.品质要求

目前我国国家和行业标准中，涉及枇杷感官指标的标准主要有《枇杷鲜果》（GB/T 13867—1992）、《地理标志产品 塘栖枇杷》（GB/T 19908—2005）和《农产品等级规格 枇杷》（NY/T 2304—2013）。具体见表4和表5。

表4　枇杷感官指标等级划分对比

项目	GB/T 13867—1992 枇杷鲜果		
	一等	二等	三等
果形	整齐端正丰满，具该品种特征，大小均匀一致	尚正常，无影响外观的畸形果	次于二等果者
果面色泽	着色良好，鲜艳，无锈斑或锈斑面积不超过5%	着色良好，锈斑面积不超过10%	
毛茸	基本完整	部分保留	
生理障碍/果面缺陷	不得有萎蔫、日灼、裂果及其他生理障碍	允许褐色及绿色部分不超过100毫米，裂果允许风干一处，其长度不超过5毫米，不得有其他严重生理障碍	
病虫害	无	不得侵入果肉	
损伤	无刺伤、划伤、压伤、擦伤等机械损伤	无刺伤、划伤、压伤，无严重擦伤等机械损伤	
果肉颜色	具有该品种最佳肉色	基本具有该品种肉色	

（续）

项目	GB/T 19908—2005 地理标志产品 塘栖枇杷	
	一级	二级
果形	整齐端正饱满，具有该品种特征	基本正常，无畸形果
果面 色泽	着色良好，鲜艳，锈斑面积不超过3%	着色良好，锈斑面积不超过7%，基部允许少量绿斑点
毛茸	基本完整	部分保留
生理障碍/ 果面缺陷	不得有萎蔫、日灼、裂果	允许少许存在
病虫害	不得有	不得有
损伤	无刺伤、压伤、擦伤等机械损伤	无明显机械伤
果肉颜色	软条白砂：乳白色。 平头大红袍：深橙红色（一级），橙红色（二级）	

（续）

项目	NY/T 2304—2013 农产品等级规格 枇杷		
	特级	一级	二级
果形	无畸形果，果形端正，大小均匀一致	无畸形果，果形较一致	无明显畸形果
果面色泽	具该品种固有色泽，色泽鲜艳，着色均匀，无锈斑	具该品种固有色泽，色泽较好，锈斑面积不超过果面的5%	具该品种固有色泽，色泽较均匀，锈斑面积不超过果面的10%
毛茸	—	—	—
生理障碍/果面缺陷	不应有日灼、裂果、萎蔫及其他果面缺陷	无日灼、裂果、萎蔫及其他果面缺陷	允许有轻微萎蔫，无日灼，不得有明显裂果
病虫害	无病虫伤		
损伤	无刺伤、划伤、压伤、擦伤等机械伤	可有轻微刺伤、划伤、压伤、擦伤等机械伤，无新鲜伤	
果肉颜色	具该品种固有肉色	具该品种肉色	与该品种固有肉色无明显差异

表5 枇杷理化指标等级划分对比

项目		GB/T 13867—1992 枇杷鲜果			
	品种	特级	一级	二级	三级
单果重（克）	软条白砂	≥30	25～30	20～25	16～20
	大红袍（浙江）	≥35	30～35	25～30	20～25
可溶性固形物	白肉类不低于11%，红肉类不低于9%				
总酸量	每100毫升果汁白肉类不高于0.6克，每100毫升果汁红肉类不高于0.7克				
固酸比	白肉类不低于20：1，红肉类不低于16：1				
可食率	—	≥66%	≥64%	≥62%	≥60%

（续）

项目	GB/T 19908—2005 地理标志产品 塘栖枇杷			NY/T 2304—2013 农产品等级规格 枇杷					
	品种	一级	二级	品种	A	B	C	D	E
单果重（克）	软条白砂	≥30	25～29	白肉	≥35	30～35	25～30	20～25	≤20
	平头大红袍	≥35	30～34	红肉	≥55	50～55	45～50	40～45	≤40
可溶性固形物	软条白砂	≥15%		—					
	平头大红袍	≥13%	≥12%						
总酸量	软条白砂	每100毫升≤0.5克		—					
	平头大红袍	每100毫升≤0.6克							
固酸比	—	—	—	—					
可食率	—	≥65%	≥60%	—					

注：此表内容引自标准原文，划分范围时有重合情况。

三、产地环境要求

我国农业农村部行业标准《无公害农产品 种植业产地环境条件》（NY/T 5010—2016），国家标准《环境空气质量标准》（GB 3095—2012）（表6）、《农田灌溉水质标准》（GB 5084—2021）（表7）和《土壤环境质量 农用地土壤污染风险管控标准（试行）》（GB 15618—2018）（表8）均对产地环境提出了质量安全要求。

表6 环境空气质量标准（GB 3095—2012）

序号	污染物项目	平均时间	浓度限值		单位
			一级	二级	
1	二氧化硫(SO_2)	年平均	20	60	微克/米^3
		24小时平均	50	150	
		1小时平均	150	500	

（续）

序号	污染物项目	平均时间	浓度限值		单位
			一级	二级	
2	二氧化氮（NO$_2$）	年平均	40	40	微克/米^3
		24小时平均	80	80	
		1小时平均	200	200	
3	一氧化碳（CO）	24小时平均	4	4	毫克/米^3
		1小时平均	10	10	
4	臭氧（O$_3$）	日最大8小时平均	100	160	
		1小时平均	160	200	微克/米^3
5	颗粒物（粒径≤10微米）	年平均	40	70	
		24小时平均	50	150	
6	颗粒物（粒径≤2.5微米）	年平均	15	35	
		24小时平均	35	75	

表7　农田灌溉水质标准（GB 5084—2021）

序号	项目类别	作物种类		
		水田作物	旱地作物	蔬菜
1	pH	5.5 ~ 8.5		
2	水温（℃）	≤ 35		
3	悬浮物（毫克/升）	≤ 80	≤ 100	≤ 60[a]，≤ 15[b]
4	5日生化需氧量（BOD_5）（毫克/升）	≤ 60	≤ 100	≤ 40[a]，≤ 15[b]
5	化学需氧量（COD_{Cr}）（毫克/升）	≤ 150	≤ 200	≤ 100[a]，≤ 60[b]
6	阴离子表面活性剂（毫克/升）	≤ 5	≤ 8	≤ 5
7	氯化物（以Cl^-计）（毫克/升）	≤ 350		
8	硫化物（以S^{2-}计）（毫克/升）	≤ 1		
9	全盐量（毫克/升）	≤ 1 000(非盐碱土地区)，≤ 2 000(盐碱土地区)		
10	总铅（毫克/升）	≤ 0.2		
11	总镉（毫克/升）	≤ 0.01		
12	铬（六价）（毫克/升）	≤ 0.1		
13	总汞（毫克/升）	≤ 0.001		

（续）

序号	项目类别	作物种类		
		水田作物	旱地作物	蔬菜
14	总砷（毫克/升）	≤0.05	≤0.1	≤0.05
15	粪大肠菌群数（MPN/升）	≤40 000	≤40 000	≤20 000[a]，≤10 000[b]
16	10升蛔虫卵数（个）	≤20		≤20[a]，≤10[b]

a 加工、烹调及去皮蔬菜。

b 生食类蔬菜、瓜类和草本水果。

表8 土壤环境质量农用地土壤污染风险管控标准（GB 15618—2018）

单位：毫克/千克

序号	污染物项目		风险筛选值			
			pH≤5.5	5.5<pH≤6.5	6.5<pH≤7.5	pH>7.5
1	镉	水田	0.3	0.4	0.6	0.8
		其他	0.3	0.3	0.3	0.6
2	汞	水田	0.5	0.5	0.6	1.0
		其他	1.3	1.8	2.4	3.4

（续）

序号	污染物项目		风险筛选值			
			pH≤5.5	5.5<pH≤6.5	6.5<pH≤7.5	pH>7.5
3	砷	水田	30	30	25	20
		其他	40	40	30	25
4	铅	水田	80	100	140	240
		其他	70	90	120	170
5	铬	水田	250	250	300	350
		其他	150	150	200	250
6	铜	水田	150	150	200	200
		其他	50	50	100	100
7	镍		60	70	100	190
8	锌		200	200	250	300

注：1.重金属和类金属砷均按元素总量计。

2.对于水旱轮作地，采用其中较严格的风险筛选值。

四、枇杷生产基地

1.基地选择

　　兰溪枇杷生产基地应选择生态环境良好的地块，基地周围5千米范围内无污染源。土壤为排水良好的沙质壤土或改良后的红黄壤土，有机质含量 ≥ 10克/千克，地下水位在1米以下，土壤pH为5 ～ 8，最适pH为6。

　　在海拔300米以下建园时，坡向以南向和东南向为宜，也可选择在水库、河流、

湖泊等大水体周围区域建园，不宜在风口、山脊突出地、山谷冷空气沉积地、低洼地建园。

适度规模化种植，连片面积以30亩为宜。

2.避雨设施栽培

有条件的生产基地可选择避雨设施栽培。大棚构建宜采用钢架结构连栋拱棚，棚高5.5米，棚肩高4米、宽8米、长小于60米。双层棚膜，其中一层为顶膜，另一层在棚内4～4.5米高处；内层裙膜和外层膜相距55厘米。塑料棚膜采用保温无滴棚

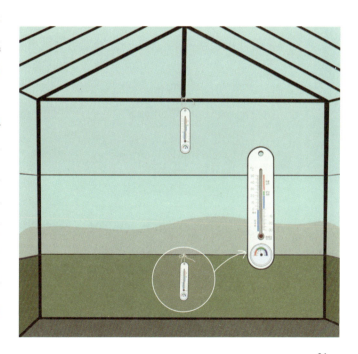

膜。棚内均匀放置温度计和湿度计，高度不高于树冠顶部。

3.水肥设施

平地、滩地每隔40～50米开深50厘米、宽100厘米的沟。坡度大于15°的山地，应修筑≥3米宽的水平梯地，梯地内侧应修筑排水沟，每公顷应配置22.5米³（每亩1.5米³）蓄水池。有条件的基地应铺设加压滴灌设施。设施生产基地实施水肥一体化管理。

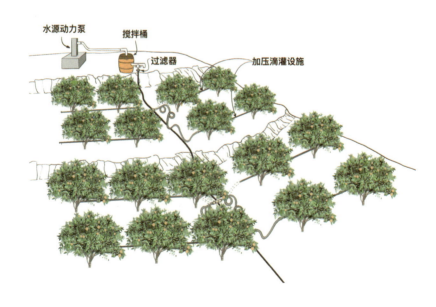

4.附属设施

生产基地应分区合理，产品仓库和投入品仓库分开，其建设标准应根据建筑物用途和建设地区条件等合理确定。园地应配备杀虫灯、黄板、防虫网、性诱剂等绿色防控设施。

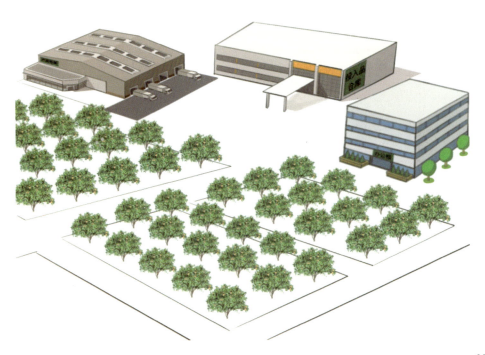

生产基地应设有农药包装回收桶，按照玻璃瓶包装、塑料瓶包装、软性复合袋包装等分类回收。

及时清理园区的落叶、落果、杂草及果园周边的杂草，并进行集中深埋、销毁或者高温沤肥。设施基地应配备粉碎机，对修剪的枝条进行就地粉碎，就地利用，或与农家肥一起发酵利用。

五、标准化生产技术

1.品种选择

　　品种应选择品质优、抗性强、高产、稳产的种类。白砂品种主要有兰溪本地软条白砂、宁海白等；红砂品种主要有大红袍、解放钟等。同一果园宜栽2个或2个以上品种，以利于授粉。

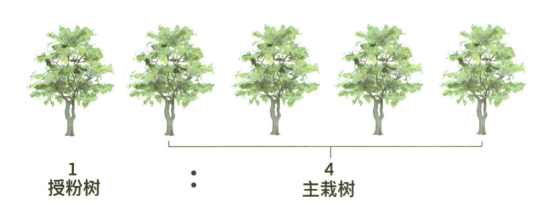

1
授粉树

：

4
主栽树

2.种植密度

　　合理确定定植密度，便于果园管理和机械作业。根据品种、树势、土壤质地、地形和栽培管理水平综合考虑，丘陵、山地株行距宜为4米×4米，密度宜为624株/公顷。平地、缓坡地株行距宜为4米×4.5米，密度宜为555株/公顷。

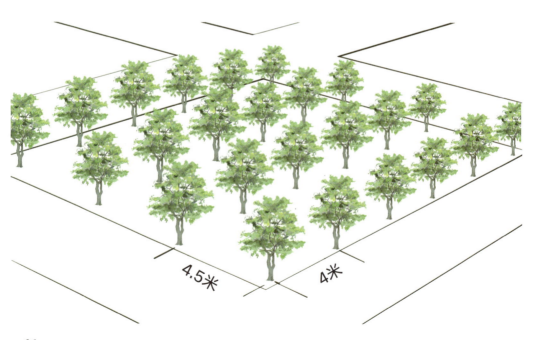

3.定植管理

（1）裸根苗

苗木去叶，自嫁接口上部30厘米处剪顶。将苗木放入穴中央，舒展根系，扶正苗木，边填回土边提苗，露出嫁接口为宜，踏实，每株立即浇透定植水。

（2）带土球苗

将带土球苗放置于穴中央，扶正苗木进行培土，以露出嫁接口为宜，捣实土球周边的土，并立即浇透定植水。

4.定植修剪

定植后根据品种、冬季气温选定适宜的树形。树高小于3.0米，干高30～40厘米，3～4层主枝群，各层留3～4个，上下两层不要重叠，层间间隔50～60厘米。

春剪在2月下旬至4月上旬春梢萌发前及萌发期间进行；夏剪在6月采果1周内进行，夏梢抽生5—7月进行抹芽摘梢；秋剪在10月现花蕾初花期，结合疏蕾进行。

（1）幼龄树修剪

春剪，配合选定树形，抹去多余萌芽或多余枝。夏剪，通过抹芽、疏枝，保留2～3个侧枝，疏去多余的夏梢侧枝。

（2）结果树修剪

春剪，剪除衰弱结果枝、病花穗，疏除过多的春梢侧枝。夏剪，夏梢以1个主梢、1～2个副梢配置为宜，疏去多余的夏梢。对部分多年生弯曲、细弱枝进行回缩。对树势旺的树在6月下旬至7月中旬进行扭梢、拿枝、环剥等停梢促花处理。秋剪，删除过密夏梢、生长不充实夏梢侧枝，秋梢侧枝留1～2个，适当疏去花穗上发生的秋梢。修剪量，一般每次修剪疏枝量控制在总枝量的10%～20%。

（3）衰老树修剪

春剪，疏除多余枝梢，在适当的角度及树枝方位选择二年生至四年生枝进行回缩，及时抹芽，并防日灼。秋剪，删除过密枝、细弱枝、交叉枝。第1年春剪，疏除、短截枝梢数占总梢的60%～70%；第2年将上年保留的30%～40%再进行疏除、短截。

5.花果管理

根据枇杷实际产量，其果实数不到总花数的5%～10%，应疏除一定的花穗和幼果，但在冻害严重的地区以疏果为宜，不提倡疏花。

（1）疏穗

疏穗于10—11月，将弱小花穗全穗摘除，侧枝上有2～3个穗时应疏去1个穗，有4～5个穗时应疏去2个穗。树冠顶上多疏，树冠下部少疏，留穗总梢数占全树总梢的60%。大年树、老年树、衰弱树多疏。营养枝与结果枝的比例调整至1：1.5。

（2）疏蕾

疏蕾一般品种每穗留3～5个支轴。疏蕾方法有摘除花穗上部1/2或摘除上部花蕾和下部花蕾保留中部花蕾；或疏去10月至11月初早期花蕾，使头花剩余花蕾继续发育，拉长头花花期。

（3）疏果

疏果时间为3月中下旬。疏果量为大果型品种每穗留果2～4个，小果型品种每穗留果4～6个。

（4）套袋

套袋于最后1次疏果时进行，以外黄内黑双层防水袋为宜，大小为（17～20）厘米×（20～25）厘米。套袋前宜喷1次杀菌剂与杀虫剂，不宜使用乳油型药剂。喷药后及时套袋。

6.果实管理

（1）防冻

防冻应于12月第1次霜冻来临前，将已完全谢花的枇杷果穗用防水纸袋套住，疏果时揭去。12月至翌年3月初每隔20～25天对树冠喷1次营养液。大棚设施枇杷在12月第1次霜冻来临前，用单膜或双膜防冻，遇极寒天气时棚内可采取加温防冻的措施。

（2）防裂果

在果实转色期间，雨前树冠覆0.08毫米膜，雨后及时揭去；或采用果实套袋与全园地膜覆盖相结合的方式防裂果。

（3）防日灼

采用分层树形、立体结果的方式防日灼；在幼果期的4月上旬，套"外黄内黑"双层防水袋；有条件的果园，在成熟期中午高温强日照情况下，用遮阳网遮光或给果园喷水。

（4）防皱果

防皱果具体方式有4种：成熟期滴灌供水防高温干旱；在夏梢萌发前适时采收；4月中旬前完成套袋；防治木虱，避免木虱诱发的皱果。

六、肥水管理

1.肥料管理

有机肥料技术指标、重金属限量指标应符合《有机肥料》(NY/T 525—2021)要求，生物有机肥技术指标应符合《生物有机肥》(NY 884—2012)要求。有机肥料主要以基肥方式施入，用量依据地力和目标产量而定，可与农家肥料和微生物肥料配合施用。厩肥、堆肥、沤肥、沼肥、饼肥等农家肥料应完全腐熟才能施用。

(1) 幼龄树

幼龄树应薄肥勤施，新种植树在第1次新梢老化、第2次新梢长出后方可施肥，2—10月隔两个月进行1次，每株施含0.2%～0.3%尿素、0.1%～0.2%复合肥（氮、磷、钾比例为15∶15∶15）的水肥3～5千克；10月至翌年2月间施冬肥1次，每株施腐熟厩肥10 ~ 20千克。

（2）结果树

结果树施肥分为春肥、夏肥和秋肥3种，具体施用方法见表9。

表9　枇杷结果树肥料使用建议

肥料种类	施用方法
春肥	即壮果肥，3月上旬，株施0.5 ~ 0.75千克高钾复合肥；4月初可每株追施0.5千克硫酸钾，促进果实膨大。土壤肥力较好的果园，可仅在3月中下旬株施1次0.5 ~ 0.75千克高钾型复合肥
夏肥	即采果肥，早熟品种在采果后1周内施，中晚熟品种在采收结束前1周内施。肥料选用时以氮肥为主，辅以磷钾肥，株施0.75 ~ 1.0千克高氮型复合肥、0.2千克尿素和1千克饼肥。肥料用量与成分视树势与结果程度而定，弱树与结果过多的树宜多施氮肥，旺长树或不结果树宜少施氮肥
秋肥	即花前肥，10月中下旬，每株施商品有机肥20 ~ 30千克或腐熟农家肥25 ~ 40千克加0.5 ~ 0.75千克高氮复合肥

2.水分管理

花果生长期和采果后7—8月高温干旱季节应及时灌水或喷水，灌水后及时松土覆草。灌溉水质应符合《绿色食品 产地环境质量》（NY/T 391—2021）的规定。

当果园出现积水时，应利用沟渠及时排水。

七、病虫害综合防治

1.防治原则

病虫害防治应遵循"预防为主、综合防治"的植保方针，根据病虫害发生规律，优先采用农业防治、物理防治、生物防治等技术，合理使用高效、低毒、低残留的化学农药，将生物危害控制在经济允许阈值内。

2.农业防治

农业防治应合理修剪，搞好清园工作，及时清除病虫枝、枯枝、感病花果。同时加强管理，健壮树势，采用果实套袋方式防控病虫害。

3.物理防治

（1）灯光诱杀

灯光诱杀利用害虫的趋光性，在其成虫发生期，采用杀虫灯诱杀。

（2）人工捕杀

对发生较轻、危害中心明显及有假死性的害虫，采用人工捕杀的方式减轻其危害。

4.生物防治

生物防治应保护和利用枇杷病虫害的天敌，推广"以菌治虫、以虫治虫"方式。利用苏云金杆菌、苦参碱、白僵菌等生物制剂防治枇杷病虫害。

5.化学防治

化学防治应根据枇杷病虫害发生特点，在适宜时期施药，枇杷主要病虫害防治推荐用药见表10，药剂使用应严格执行《绿色食品农药使用准则》（NY/T 393—2020）和《农药合理使用准则》

（GB/T 8321）系列标准的规定。同时严格控制农药安全间隔期、施药量和施药次数，注意农药交替使用和合理混用，避免产生抗药性。施药人员应穿着防护服，施药完毕后，应立即设置警示标志牌。警示标志牌上应标有所施药剂名称、施药剂量、施药人姓名、施药日期等。

表10　主要病虫害防治推荐用药

病虫害名称	农药通用名	含量	使用浓度	防治时期	安全间隔期（天）
灰斑病、花腐病	代森锰锌	80%	800～1 000倍液	春梢、夏梢、秋梢抽生初期，花蕾及开花前后	14
	丙环唑	25%	500～1 000倍液		42
	苯醚甲环唑	30%	3 000～4 000倍液		—
	戊唑醇	430克/升	2 000～2 500倍液		42
	异菌脲	50%	1 000～1 500倍液		—
斑点病	嘧霉胺	40%	800～1 000倍液	春梢、夏梢、秋梢抽生初期	—
	异菌脲	50%	1 000～1 500倍液		—
	代森锰锌	80%	800～1 000倍液		14

（续）

病虫害名称	农药通用名	含量	使用浓度	防治时期	安全间隔期（天）
角斑病	丙环唑	25%	500～1 000倍液	春梢、夏梢、秋梢抽生初期	42
	吡唑醚菌酯	250克/升	1 500～2 000倍液		14
	戊唑醇	430克/升	2 000～2 500倍液		42
炭疽病	代森锰锌	80%	800～1 000倍液	春梢、夏梢、秋梢抽生初期，果实迅速转色期，套袋前	14
	丙环唑	25%	500～1 000倍液		42
	戊唑醇	430克/升	2 000～2 500倍液		42
褐腐病	石硫合剂	45%	30～50倍液	3月下旬至4月下旬	—
	甲基硫菌灵	70%	50倍液		—
轮纹病	甲基硫菌灵	70%	800～1 000倍液	春梢、夏梢、秋梢抽生初期	14
	代森锰锌	80%	800～1 000倍液		14
梨木虱	烟碱	10%	1 000倍液	9月底至10月初花穗轴展开期	7
	螺虫乙酯	22.4%	4 000～5 000倍液		14
	吡蚜酮	50%	1 500～2 000倍液		14

（续）

病虫害名称	农药通用名	含量	使用浓度	防治时期	安全间隔期（天）
星天牛、桑天牛	噻虫啉	2%	1 000～1 500倍液	6月中旬至7月下旬，成虫至低龄幼虫盛期施药2～3次	14
	高效氯氰菊酯	4.5%	500倍液		14
	甲氨基阿维菌素苯甲酸盐	1%	1 000～1 500倍液		14
蚜虫	苦参碱	0.3%	1 000倍液	初发期	7
	印楝素	0.5%	1 000倍液		5
	吡蚜酮	50%	1 500～2 000倍液		14
梨小食心虫、桃蛀螟	茚虫威	150克/升	3 000～4 000倍液	卵孵化高峰期	14
	甲氨基阿维菌素苯甲酸盐	1%	1 000～1 500倍液		14
	高效氯氰菊酯	4.5%	500倍液		14
黄毛虫、舟形毛虫	核型多角体病毒	600亿PIB	3 000倍液	卵孵化至低龄幼虫高峰期	7
	甲氨基阿维菌素苯甲酸盐	1%	1 000～1 500倍液		14
	茚虫威	150克/升	3 000～4 000倍液		14

八、采收贮运

5月中旬左右，枇杷果长至八九成熟时，适时采收。采收时按照"从下至上、从外至内"的采收原则，分批采收，采黄留青，长途运输可八成熟时采。采时手捏穗柄，轻采轻放，防机械损伤。采收工具、容器和运输枇杷的车辆应进行清洁保养。存放枇杷的容器应专用，不得用来存放对果实有污染的物品。采收后的枇杷按品种进行分类，分级贮存，等级划分见表11。

表11 兰溪枇杷感官等级划分

项目	品种						检测方法
	白肉类			红肉类			
	特级	一级	二级	特级	一级	二级	
单果重（克）	≥30	25～30	20～25	≥35	30～35	25～30	称重
特点	皮薄肉厚，肉质细嫩，汁多，甜酸适口，果肉呈白色或淡黄色			肉质致密，汁液中等，味甜稍酸，风味浓，果肉呈橙黄色或橙红色			目测

（续）

项目	品种						检测方法
	白肉类			红肉类			
	特级	一级	二级	特级	一级	二级	
果形	果实倒卵形，无畸形果端正丰满，大小均匀	果实倒卵形，无畸形果，果形较一致	果实倒卵形，无明显畸形果	果实圆形，端正丰满，大小均匀	果实圆形，无畸形果，果形较一致	果实圆形，无明显畸形果	目测
果面色泽	淡黄色，着色良好，锈斑面积不超过2%	淡黄色，着色良好，锈斑面积不超过5%	淡黄色，着色良好，锈斑面积不超过10%	橙黄色或橙红色，锈斑面积不超过2%	橙黄色或橙红色，锈斑面积不超过5%	橙黄色或橙红色，锈斑面积不超过10%	
毛茸	基本完整		部分保留	基本完整		部分保留	
果面缺陷	无萎蔫、日灼、裂果及其他果面缺陷		允许少许存在	无萎蔫、日灼、裂果及其他果面缺陷		允许少许存在	
损伤	无刺伤、划伤、压伤、擦伤等机械伤		无明显机械伤	无刺伤、划伤、压伤、擦伤等机械伤		无明显机械伤	
果梗长度	5～10毫米						尺子测定

九、包装标识

　　包装材料应无毒、无害、清洁，采用符合《食品安全国家标准 食品接触用纸和纸板材料及制品》（GB 4806.8—2016）要求的材料进行包装。包装盒应牢固，材质应符合《绿色食品 包装通用准则》（NY/T 658—2015）的规定。包装盒外应标注产品名称、产地、生产单位等。

　　兰溪枇杷地理标志地域保护范围的地理坐标为东经119°13′30″—119°53′50″，北纬29°05′20″—29°27′30″。种植地域为浙江省兰溪市所属的兰江街道、云山街道、赤溪街道、永昌街道、上华街道、女埠街道、黄店镇、诸葛镇、游埠镇、香溪镇、马涧镇、横溪镇、梅江镇、柏社乡、水亭乡、灵洞乡等16个乡（镇、街道）辖区内的330个行政村。现有种植面积1 333.3公顷，年产量7 000余吨，保护区面积6 666.7公顷。

兰溪枇杷统一采用如下字样的标识：

十、承诺达标合格证和农产品质量安全追溯系统

　　枇杷上市销售时，相关企业、合作社、家庭农场等规模生产主体应出具承诺达标合格证。

规模以上主体应纳入追溯平台，优先考虑通过浙江农产品质量安全追溯平台实现统一信息查询。

参 考 文 献

陈锦辉, 邹文标, 杨芬芳, 等, 2020. 优质枇杷高产栽培技术要点浅析[J]. 南方农业, 14(11):27-28.

董良潇, 2017. 浙江省农田土壤和农作物重金属污染评价[D]. 温州: 温州大学.

蒋芯, 徐春燕, 汪发达, 等, 2022. 白砂枇杷大棚设施栽培试验[J]. 农业科技通讯(4):128-131.

李旭平, 2021. 枇杷优质高产栽培技术[J]. 果农之友(9):28-30.

刘彬, 2019. 枇杷病虫害的发生特点及综合防治技术[J]. 现代农业科技(9):110, 114.

卢金华, 阮宏椿, 杜宜新, 等, 2010. 枇杷主要病虫害的发生及综合防控技术[J]. 福建农业科技, 4:58-59.

邱宝财, 张同心, 杨荣曦, 等, 2016. 枇杷促早防冻双膜覆盖大棚栽培技术[J]. 浙江柑橘, 33(1):33-34.

陶云彬, 杨佳佳, 章日亮, 等, 2019. 有机肥替代、化肥养分调控对土壤理化性状、枇杷果实品质和产量的影响[J]. 浙江农业科学, 60(9):1540-1541, 1543.

童万民, 孙晓明, 袁建锋, 2019. 兰溪市女埠街道枇杷产业存在的主要问题及对策[J]. 现代农业科技(11):84-85.

王慧颖, 李振斌, 吴彤林, 2019. 枇杷病虫害发生规律及防治技术浅析[J]. 南方农业, 13(27):9, 17.

王慧颖, 吴彤林, 童吉文, 2019. 枇杷病虫害绿色防控技术研究[J]. 现代农业研究 (12): 14-15 .

王玉娟, 李明明, 李蓬勃, 2020. 枇杷病虫害防治技术初探[J]. 农村实用技术(4):89.

吴迪, 2013. 枇杷病虫害绿色防控技术[J]. 现代园艺(16):64.

杨红梅, 王胜, 王军, 2016. 江口县枇杷主要病虫害绿色防控措施[J]. 植物医生, 5:45-46.

杨继, 范芳娟, 曹鹏飞, 等, 2015. "宁海白"白砂枇杷设施栽培初探[J]. 中国南方果树, 44(5):76-78.

张启, 2020. 枇杷生态高效栽培技术[J]. 浙江林业(12):22.

张启, 陈新炉, 2017. 兰溪市枇杷产业发展现状与对策[J]. 中国果业信息, 34(7):16-18, 20.

张启, 童万民, 2017. '兰溪白砂'枇杷优质丰产关键栽培技术[J]. 浙江柑橘, 34(3):38-40.

图书在版编目（CIP）数据

兰溪枇杷全产业链质量安全风险管控手册/孙彩霞
主编.—北京：中国农业出版社，2023.10
ISBN 978-7-109-31225-8

Ⅰ．①兰…　Ⅱ．①孙…　Ⅲ．①枇杷－产业链－质量管
理－安全管理－手册　Ⅳ．①S667.3-62

中国国家版本馆CIP数据核字(2023)第195713号

中国农业出版社出版
地址：北京市朝阳区麦子店街18号楼
邮编：100125
责任编辑：阎莎莎　　文字编辑：常　静
版式设计：杨　婧　　责任校对：吴丽婷　　责任印制：王　宏
印刷：中农印务有限公司
版次：2023年10月第1版
印次：2023年10月北京第1次印刷
发行：新华书店北京发行所
开本：787mm×1092mm　1/24
印张：3
字数：36千字
定价：35.00元
